1 すうじの　よみ　10まで

がつ　にち　なまえ

おうちのかたへ
１枚ずつ切り離してから学習を始めましょう。はじめに、１から10までの数字を読みながら、線を引く練習をします。はじめのうちは、筆圧が弱かったり、線が曲がっていたりしてもかまいません。最後まで引けたら、たくさんほめてあげてください。

すうじを　よみながら、１から　10まで　せんを　ひきましょう。

オムライス（おむらいす）

すうじを　よみながら、１から　１０まで　じゅんに　せんで　むすびましょう。

チューリップ（ちゅーりっぷ）

KUMON
すうじおけいこ

できたね！シール

1まい　おわったら、すきな　シールを　「できたね！シート」に　1まいずつ　はりましょう。
がくしゅうした　ページに　はっても　よいでしょう。
ぜんぶ　おわったら、おおきな　シールを　ひょうしょうじょうに　はりましょう。（シールは　あまります）

2 すうじの かき 10まで ①

がつ	なまえ
にち	

おうちのかたへ
1から10までの数字を書く練習です。かならず声に出して読みながら、書くようにしましょう。書き順も正しいか確認してください。

こえに だして よみながら、すうじを かきましょう。（なぞりましょう。）

●	1	1	1	
●●	2	2	2	
●●●	3	3	3	
●●●●	4	4	4	
●●●●●	5	5	5	

こえに　だして　よみながら、すうじを　かきましょう。（なぞりましょう。）

	6	6	6	
	7	7	7	
	8	8	8	
	9	9	9	
	10	10	10	

3 すうじの　かき　10まで　②

がつ	なまえ
にち	

おうちのかたへ
数字は、順番だけではなく、量もあらわします。ドット(●)をかぞえてから、数字を書きましょう。日常生活のなかで、身近な物をかぞえる習慣をつけるとよいでしょう。

●は　いくつ　ありますか。すうじを　なぞりましょう。

●は　いくつ　ありますか。すうじを　かきましょう。

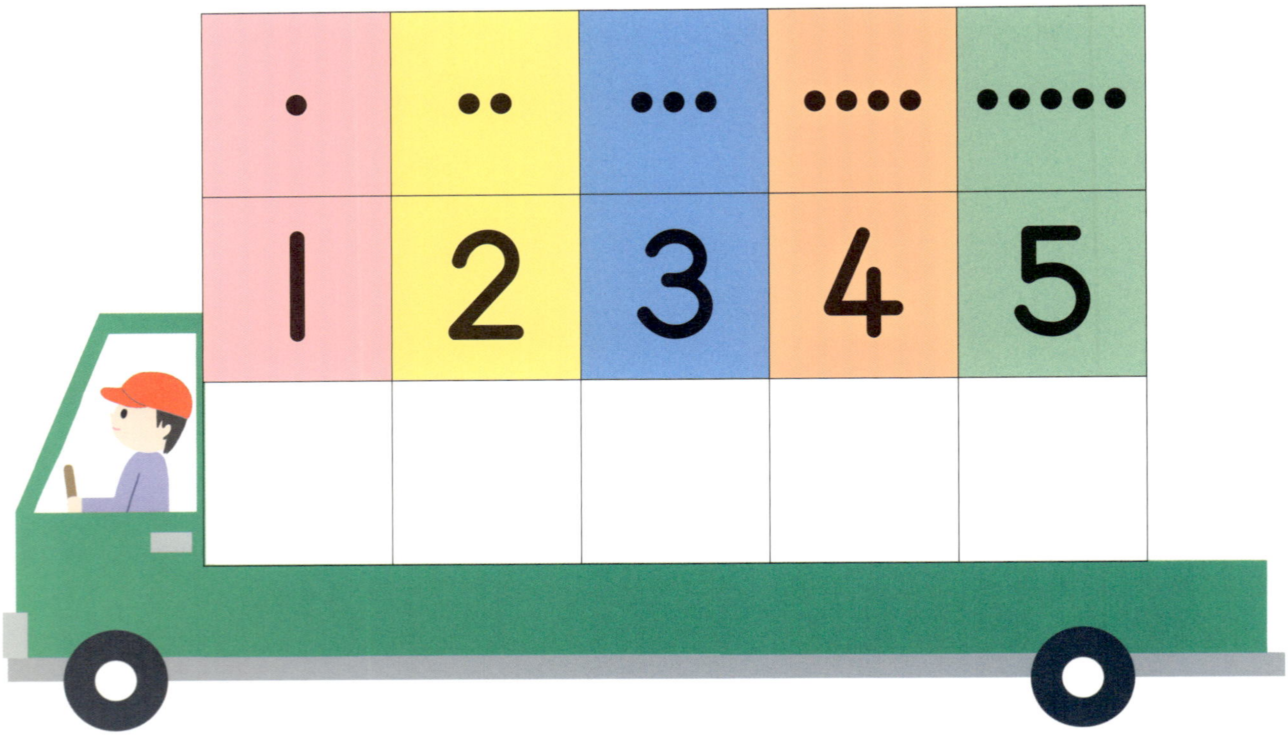

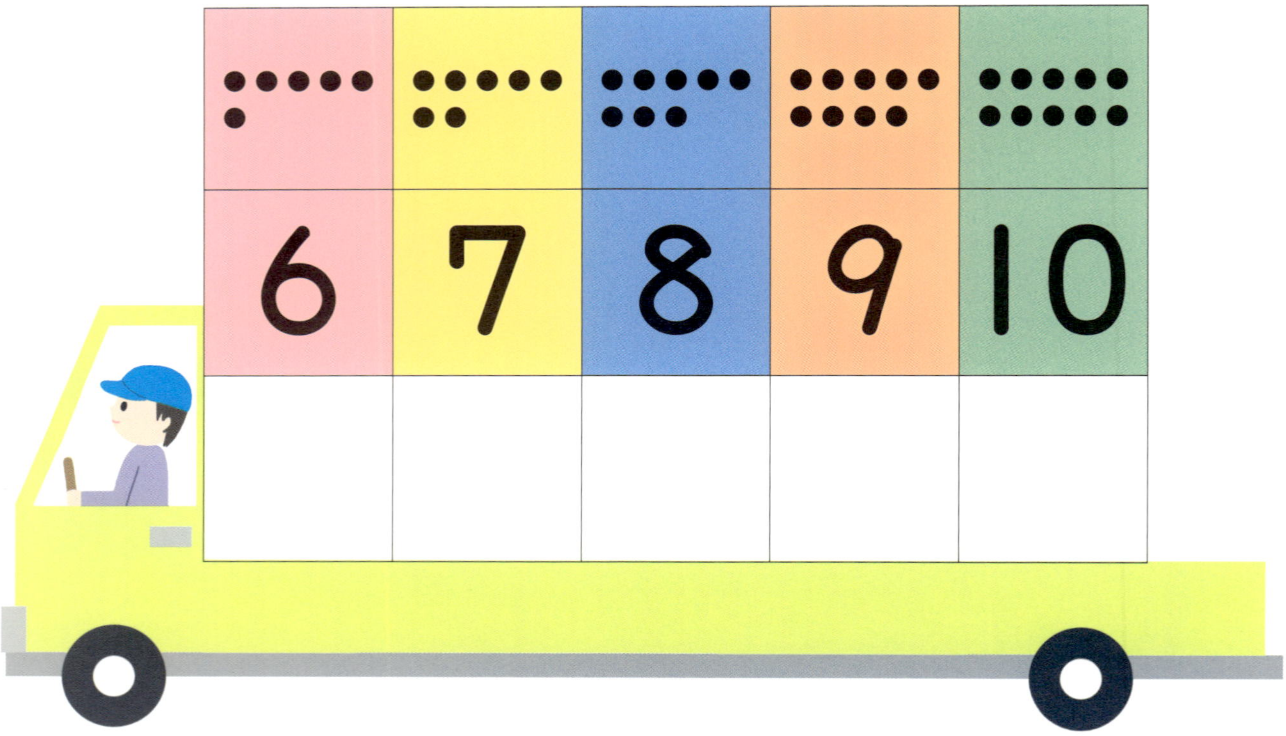

4 すうじの よみ 20まで

がつ	なまえ
にち	

おうちのかたへ
1から20までの数字を読む練習をします。元気な声で数字が読めた、線が道からはみ出さずに引けた、濃い線が引けたなど、お子さまのよいところを見つけて、たくさんほめてあげましょう。

すうじを よみながら、1から 20まで せんを ひきましょう。

とり

すうじを　よみながら、１から　20まで　じゅんに　せんで　むすびましょう。

ヘリコプター

5 すうじの　かき 20まで　①

がつ　にち　なまえ

おうちのかたへ
11から20までの数字を書く練習です。マスを意識しながら、数字をていねいに書くようにしましょう。書き順がわからず手が止まってしまうようでしたら、②のページや巻末の「おけいこボード」を指でなぞるなどして、確認してから進めてもよいでしょう。

こえに　だして　よみながら、すうじを　かきましょう。（なぞりましょう。）

●●●●● ●●●●● ●	11	11	11	
●●●●● ●●●●● ●●	12	12	12	
●●●●● ●●●●● ●●●	13	13	13	
●●●●● ●●●●● ●●●●	14	14	14	
●●●●● ●●●●● ●●●●●	15	15	15	

こえに　だして　よみながら、すうじを　かきましょう。（なぞりましょう。）

●●●●● ●●●●● ●●●●● ●	16	16	16	
●●●●● ●●●●● ●●●●● ●●	17	17	17	
●●●●● ●●●●● ●●●●● ●●●	18	18	18	
●●●●● ●●●●● ●●●●● ●●●●	19	19	19	
●●●●● ●●●●● ●●●●● ●●●●●	20	20	20	

6 すうじの かき 20まで ②

がつ にち なまえ

●は いくつ ありますか。すうじを なぞりましょう。

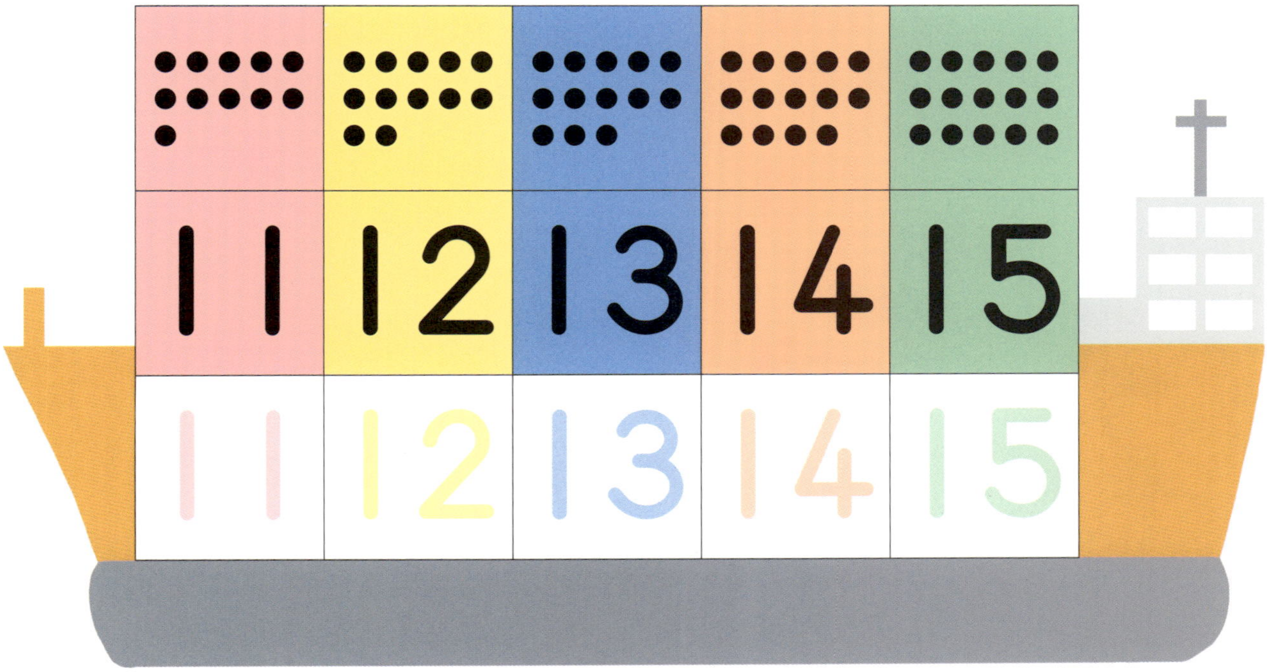

●は　いくつ　ありますか。すうじを　かきましょう。

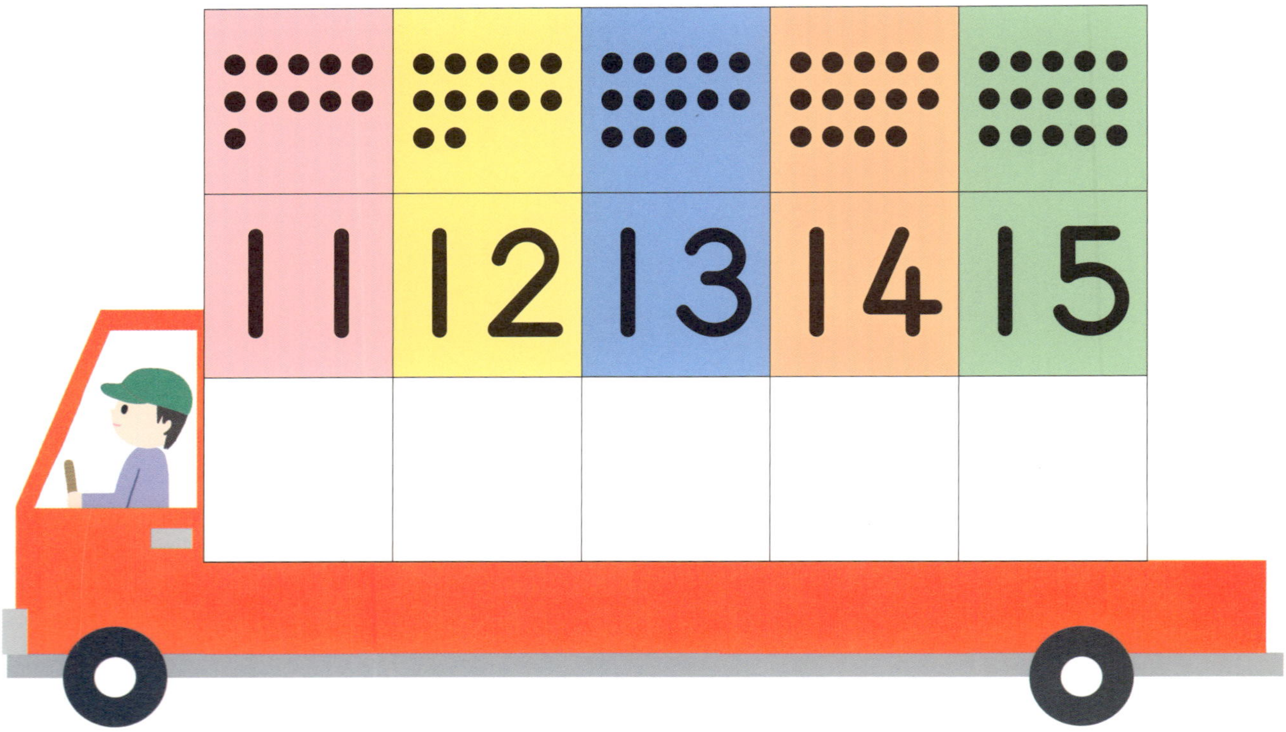

7 すうじの　かき 20まで ③

がつ	なまえ
にち	

おうちのかたへ
１から20までの数字を続けて書く練習をします。最初から書いてある数字も、声に出して読みましょう。数字を書く量も多くなります。おもて面、うら面を一日で学習することが難しいようでしたら、片面ずつ進めてもよいでしょう。

こえに　だして　よみながら、すうじを　かきましょう。（なぞりましょう。）

1	2	3	4	5
6	7	8	9	10

1	2	3	4	5
6	7		9	

1				
				10

こえに　だして　よみながら、すうじを　かきましょう。（なぞりましょう。）

11	12	13	14	15
16	17	18	19	20

11	12	13	14	15
16		18		20

11				
				20

8 すうじの かき 20まで ④

がつ	なまえ
にち	

✎ こえに だして よみながら、すうじを かきましょう。

1	2	3	4	5
6	7	8	9	10
11	12	13	14	15
16	17	18	19	20

こえに　だして　よみながら、すうじを　かきましょう。

1	2	3	4	5
6		8		10
	12		14	
16		18		20

1				
				10
				20

9 すうじの　よみ 30まで

なまえ

がつ　にち

おうちのかたへ
１から30までの数字を読む練習をします。一度で線を引くことが大変でしたら、途中で手を止めてもかまいません。鉛筆で線を引くまえに、まずは指でなぞってみるのもよいでしょう。

すうじを　よみながら、１から　30まで　せんを　ひきましょう。

ひまわり

すうじを　よみながら、１から　30まで　せんを　ひきましょう。

まじょ

10 すうじの よみかき 30まで ①

がつ	なまえ
にち	

おうちのかたへ
おもて面の点結びでは、「2」から「3」や「7」から「8」など、絵の上に線を引いてよいことを教えてあげましょう。うら面では、21から30までの数字を正しく書けているか確認しましょう。

すうじを よみながら、1から 30まで じゅんに せんで むすびましょう。

とんぼ

こえに　だして　よみながら、すうじを　かきましょう。（なぞりましょう。）

21	22	23	24	25
21	22	23	24	25

26	27	28	29	30
26	27	28	29	30

11 すうじの　よみかき 30まで ②

がつ　にち　なまえ

おうちのかたへ
かならず声に出して読みながら、線を引いたり、数字を書いたりするようにしましょう。最後までできたら、「30までじょうずに読めたね」「きれいな字で数字が書けたね」などと、たくさんほめてあげましょう。

すうじを　よみながら、1から　30まで　じゅんに　せんで　むすびましょう。

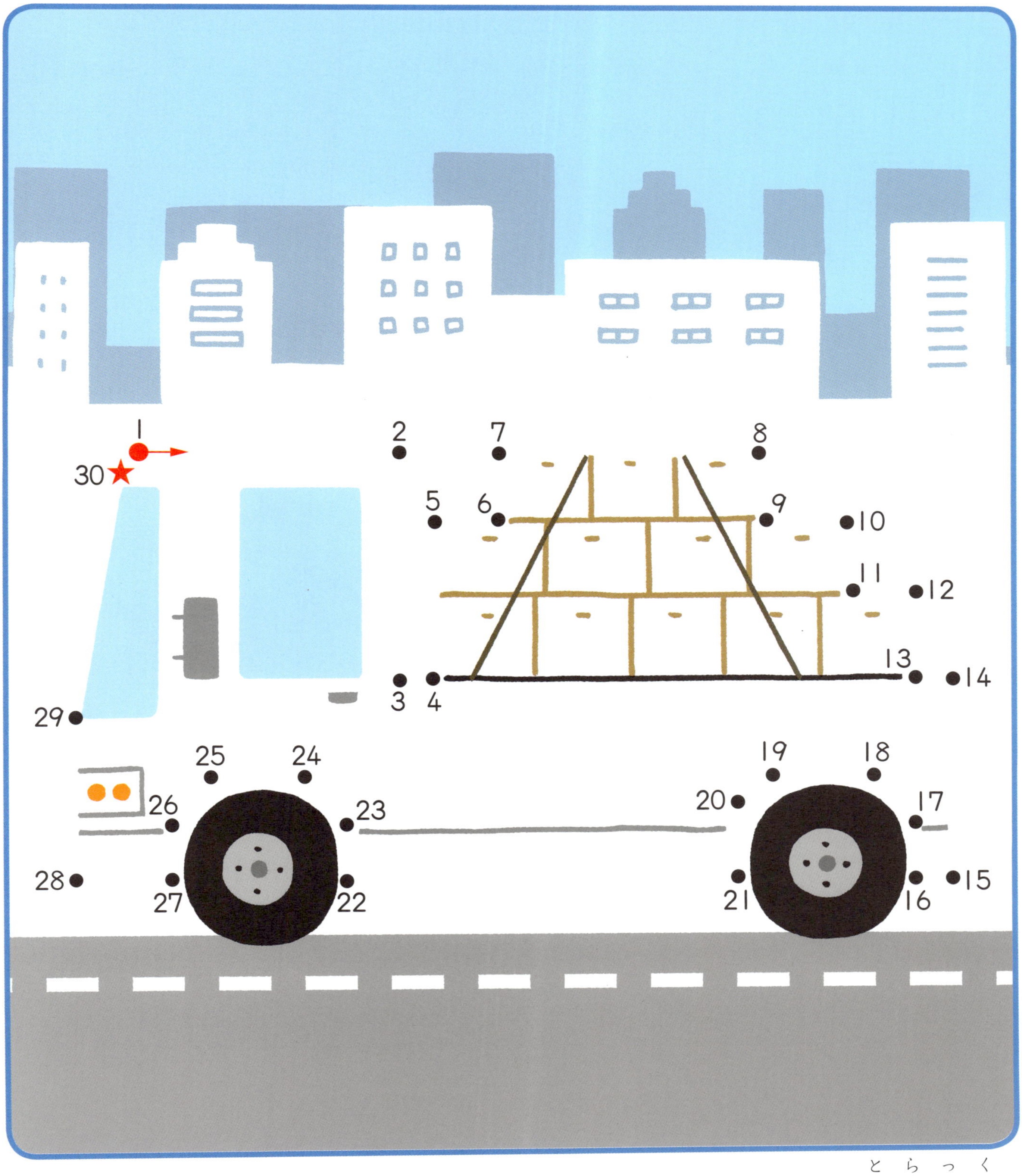

とらっく
トラック

こえに　だして　よみながら、すうじを　かきましょう。（なぞりましょう。）

21	22	23	24	25
26	27	28	29	30

21	22	23	24	25
26	27		29	

21				
				30

12 すうじの かき 30まで ①

がつ	なまえ
にち	

おうちのかたへ
お子さまにとって、ここまでの学習が難しいようでしたら、くもんの幼児ドリル『やさしいすうじ』で、1から30までの読み書きを練習するのもよいでしょう。

こえに だして よみながら、すうじを なぞりましょう。

1	2	3	4	5
6	7	8	9	10
11	12	13	14	15
16	17	18	19	20
21	22	23	24	25
26	27	28	29	30

こえに　だして　よみながら、すうじを　かきましょう。

1	2	3	4	5
6		8		10
	12		14	
	17		19	
21		23		25
	27		29	

13 すうじの かき 30まで ②

がつ　にち　なまえ

こえに だして よみながら、すうじを かきましょう。（なぞりましょう。）

おうちのかたへ
ここからは、1行に10ずつの数字を書く、横長のレイアウトに変わります。数字を書くマスは小さくなり、なぞりの線も細くなっています。はじめのうちは、字がマスやなぞりの線からはみ出してしまってもかまいません。1枚おわったら、たくさんほめてあげましょう。

1	2	3	4	5	6	7	8	9	10
11	12	13	14	15	16	17	18	19	20
21	22	23	24	25	26	27	28	29	30

1	2	3	4	5	6	7	8	9	10
11									20
21	22	23	24	25	26	27	28	29	30

こえに　だして　よみながら、すうじを　かきましょう。

1	2	3	4	5	6	7	8	9	10
11	12	13	14	15	16				20
21					26	27	28	29	30

1	2	3	4	5	6	7	8	9	10
11	12	13	14	15	16	17	18	19	20
21									30

14 すうじの よみ 40まで

がつ にち なまえ

すうじを よみながら、21から 40まで せんを ひきましょう。

おうちのかたへ
40までの数字を読む練習をします。読み方がわからないようでしたら、おうちのかたが教えてあげましょう。

かに

すうじを　よみながら、21から　40まで　せんを　ひきましょう。

いぬ

15 すうじの よみ 50まで

がつ にち なまえ

ひこうせん

すうじを よみながら、31から 50まで せんを ひきましょう。

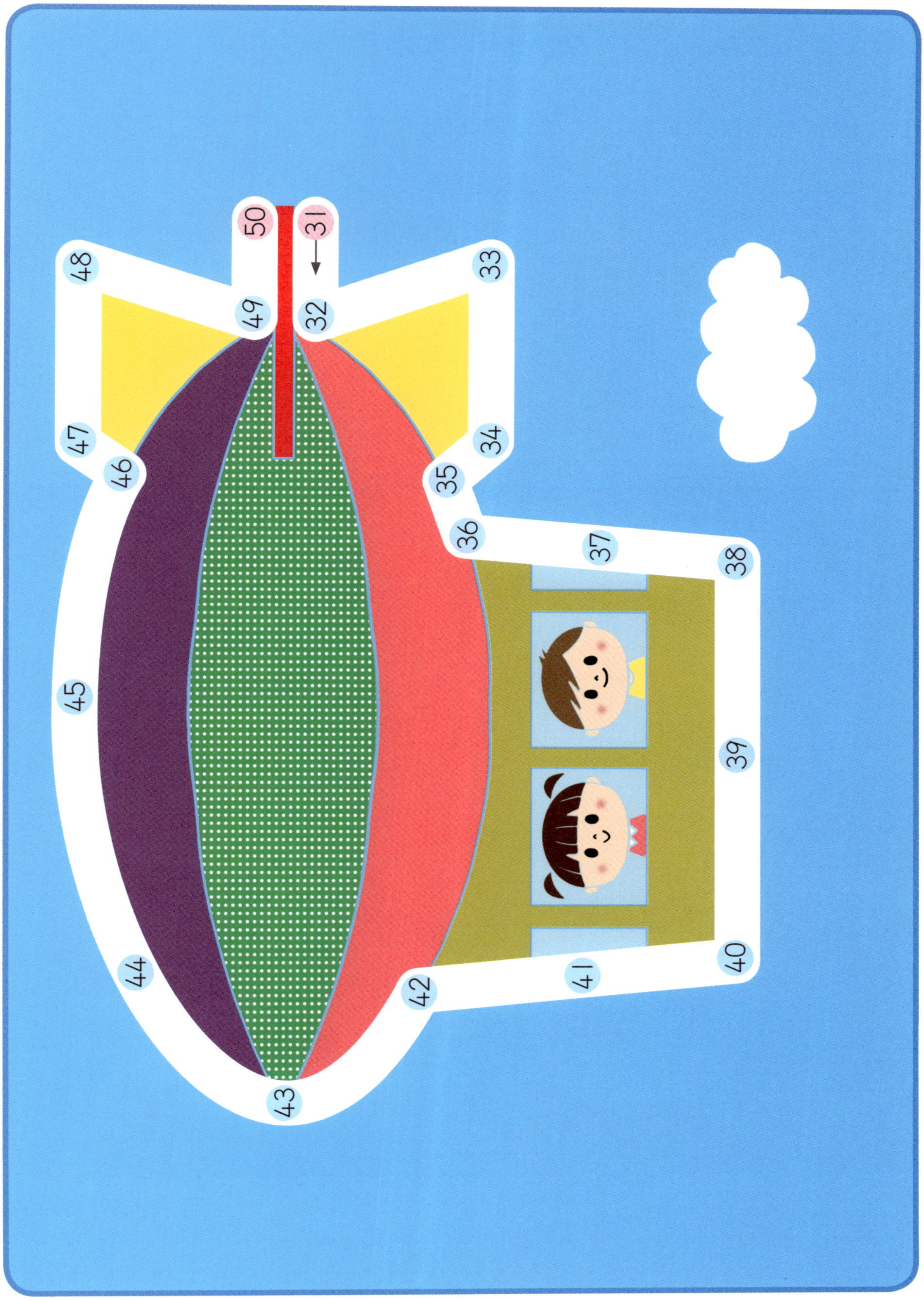

おうちのかたへ
50までの数字を読む練習をします。30をこえても正しく読めるか確認しましょう。

すうじを　よみながら、３１から　50まで　せんを　ひきましょう。

うさぎ

16 すうじの よみかき 40まで

がつ にち

なまえ

すうじを よみながら、21から 40まで じゅんに せんで むすびましょう。

おうちのかたへ
40までの数字の読み書きを練習します。1枚おわったら、巻末の「おけいこボード」で、1から順番に指さししながら、声に出して読むのもよいでしょう。

ゆきだるま

こえに　だして　よみながら、すうじを　かきましょう。（なぞりましょう。）

21	22	23	24	25	26	27	28	29	30
31	32	33	34	35	36	37	38	39	40

21	22	23	24	25	26				
31	32	33	34	35	36	37	38	39	40

17 すうじの よみかき 50まで ①

がつ にち なまえ

おうちのかたへ
50までの数字の読み書きを練習します。おもて面の点結びが完成したら、「これは何かな？」などと、絵についてお話をするのもよいでしょう。

すうじを よみながら、3 1 から 50まで じゅんに せんで むすびましょう。

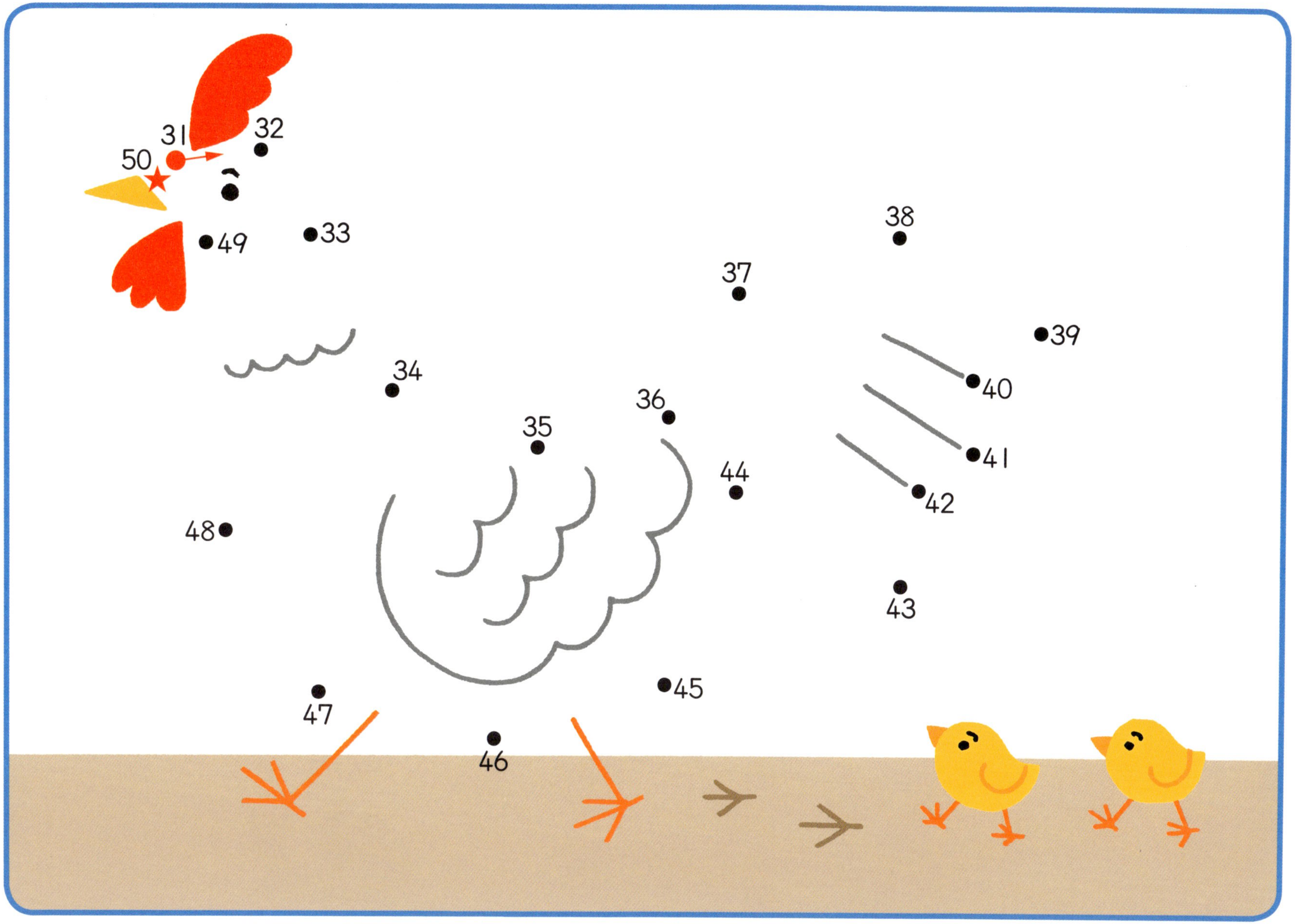

にわとり

こえに　だして　よみながら、すうじを　かきましょう。（なぞりましょう。）

31	32	33	34	35	36	37	38	39	40
41	42	43	44	45	46	47	48	49	50

31	32	33	34	35	36	37	38	39	40
41	42	43	44	45	46	47	48	49	50

18

すうじの よみかき 50まで ②

がつ　にち　なまえ

すうじを よみながら、1から 50まで じゅんに せんで むすびましょう。

おうちのかたへ
うら面で数字の書き順がわからず、手が止まってしまうようでしたら、巻末の「おけいこボード」を手元におき、書き順を確認しながら進めてもよいでしょう。

せんすいかん

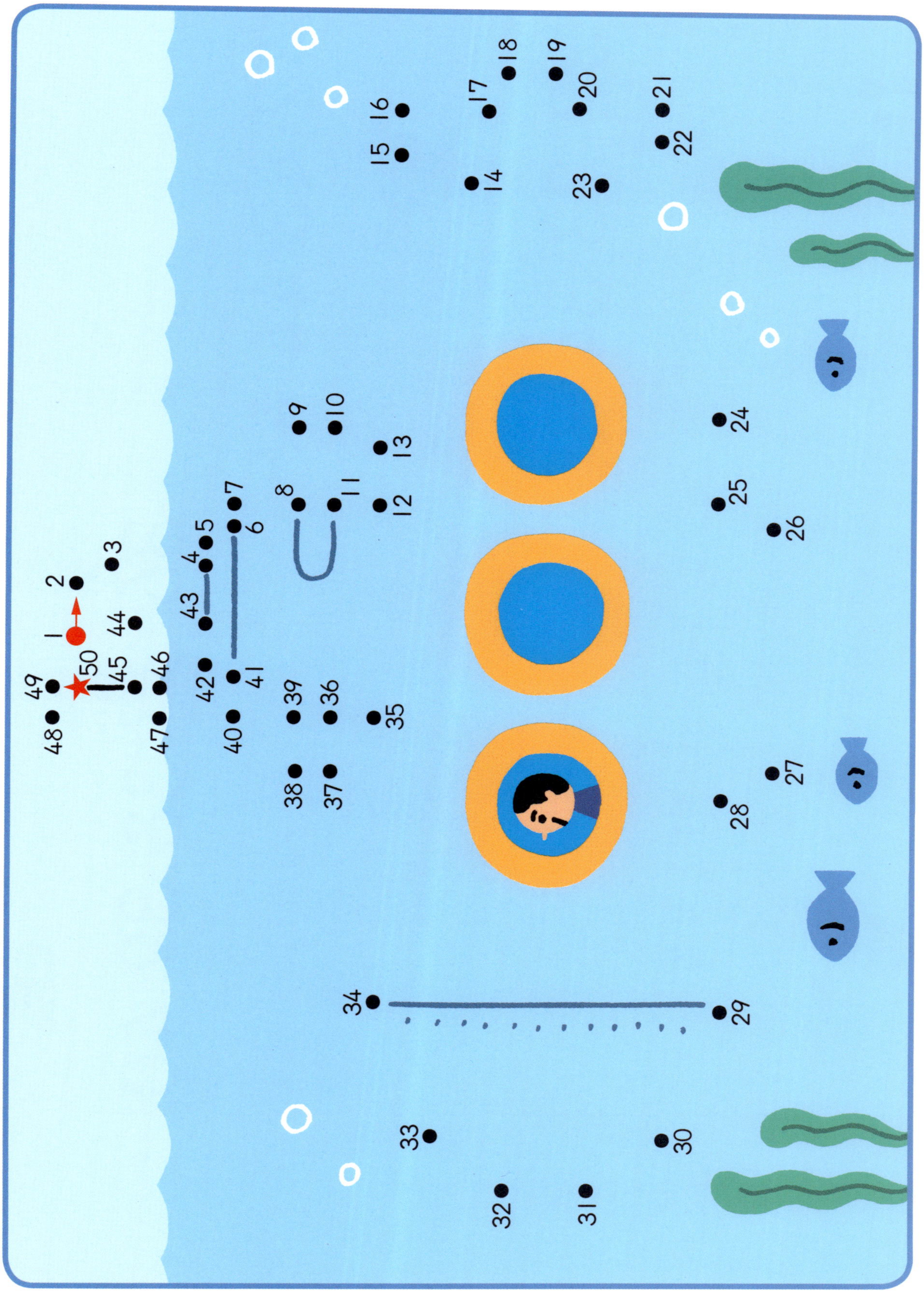

こえに　だして　よみながら、すうじを　かきましょう。

31					36	37	38	39	40
41	42	43	44	45	46				50

31	32	33	34	35	36				
									50

19 すうじの よみかき 50まで ③

がつ

にち

なまえ

すうじを よみながら、1から 50まで じゅんに せんで むすびましょう。

ちょうちんあんこう

こえに　だして　よみながら、すうじを　かきましょう。

1	2	3		5			8		
11		13				17			
		23			26				30
	32					37		39	
			44				48		50

20 すうじの よみ 60まで

がつ にち なまえ

すうじを よみながら、41から 60まで
せんを ひきましょう。

おうちのかたへ
60までの数字を読む練習をします。読み方がわからないようでしたら、おうちのかたが教えてあげましょう。巻末の「おけいこボード」で、1から順番に指さしながら、声に出して読むのも、数の感覚を高めるためによい練習です。

バス（ばす）

すうじを　よみながら、41から　60まで　せんを　ひきましょう。

あおむし

21 すうじの よみ 70まで

がつ　にち　なまえ

すうじを よみながら、51から 70まで
せんを ひきましょう。

おうちのかたへ
70までの数字を読む練習をします。50をこえても正しく読めているか確認しましょう。

ラッコ

すうじを よみながら、51から 70まで せんを ひきましょう。

ぶどう

22 すうじの よみかき 60まで

がつ にち なまえ

すうじを よみながら、41から 60まで じゅんに せんで むすびましょう。

だちょう

おうちのかたへ
60までの数字の読み書きを練習します。1枚おわったら、巻末の「おけいこボード」で、1から60まで順番に指さししながら、声に出して読むのもよいでしょう。

こえに　だして　よみながら、すうじを　かきましょう。（なぞりましょう。）

41	42	43	44	45	46	47	48	49	50
51	52	53	54	55	56	57	58	59	60

41	42	43	44	45	46				
51	52	53	54	55	56	57	58	59	60

23 すうじの よみかき 70まで ①

がつ　にち　なまえ

すうじを よみながら、51から 70まで じゅんに せんで むすびましょう。

おうちのかたへ
70までの数字の読み書きを練習します。元気な声で数字が読めた、しっかりした線が引けた、きれいな数字が書けたなど、お子さまのよいところを見つけて、たくさんほめてあげましょう。

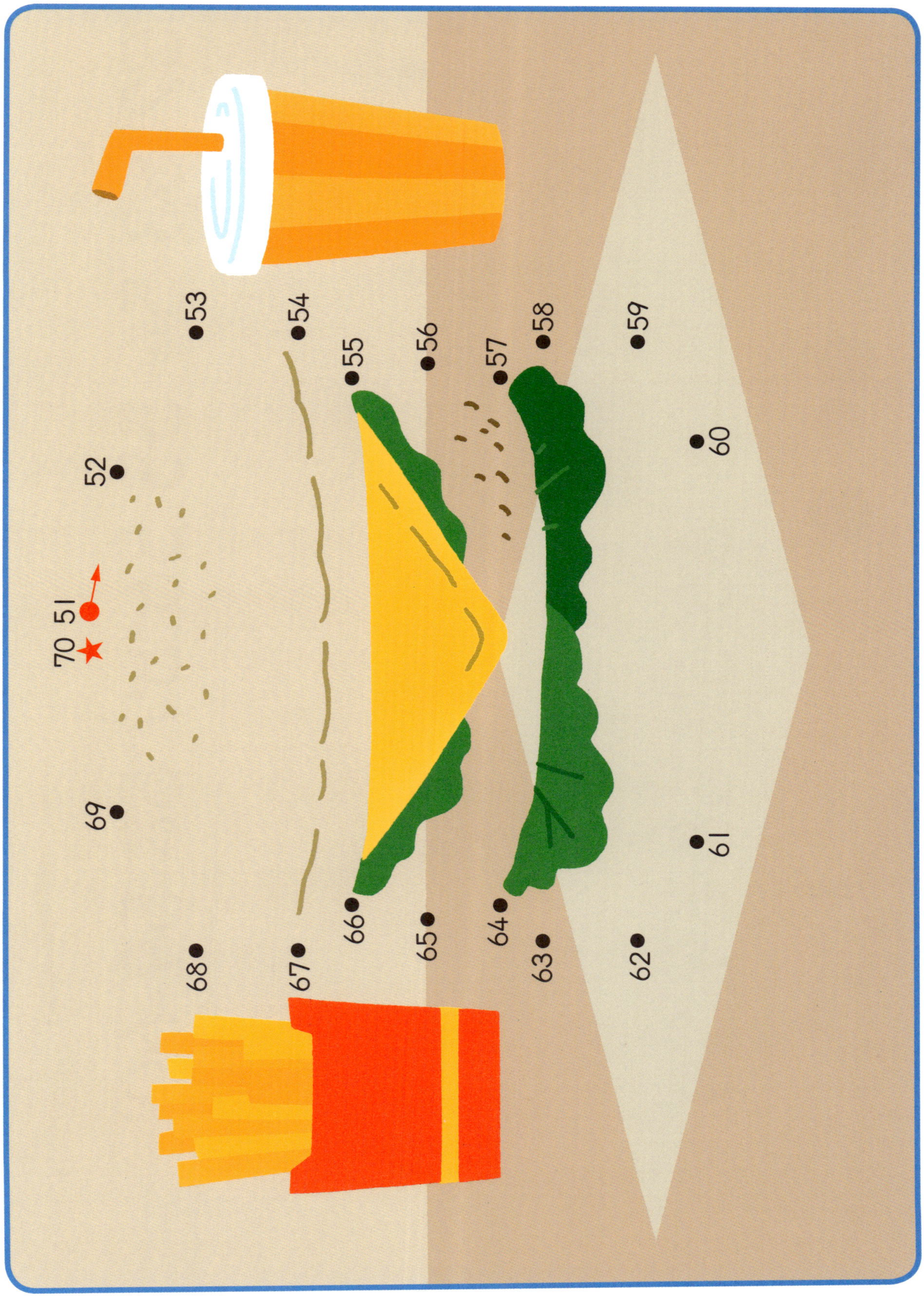

ハンバーガー（はんばーがー）

こえに　だして　よみながら、すうじを　かきましょう。(なぞりましょう。)

51	52	53	54	55	56	57	58	59	60
61	62	63	64	65	66	67	68	69	70

51	52	53	54	55	56	57	58	59	60
61	62	63	64	65	66	67	68	69	70

24

すうじの よみかき 70まで ②

がつ にち なまえ

すうじを よみながら、21から 70まで じゅんに せんで むすびましょう。

くわがたむし

こえに　だして　よみながら、すうじを　かきましょう。

51					56	57	58	59	60
61	62	63	64	65	66				70

51	52	53	54	55	56				
									70

25 すうじの よみかき 70まで ③

がつ にち なまえ

すうじを よみながら、21から 70まで じゅんに せんで むすびましょう。

カメレオン（かめれおん）

こえに　だして　よみながら、すうじを　かきましょう。

21	22	23			26				
31			34					39	
41				45				49	
		53			56				60
	62			65					70

26 すうじの よみ 80まで

	なまえ
がつ	
にち	

すうじを よみながら、61から 80まで せんを ひきましょう。

おうちのかたへ
80までの数字を読む練習をします。読み方がわからないようでしたら、おうちのかたが教えてあげましょう。

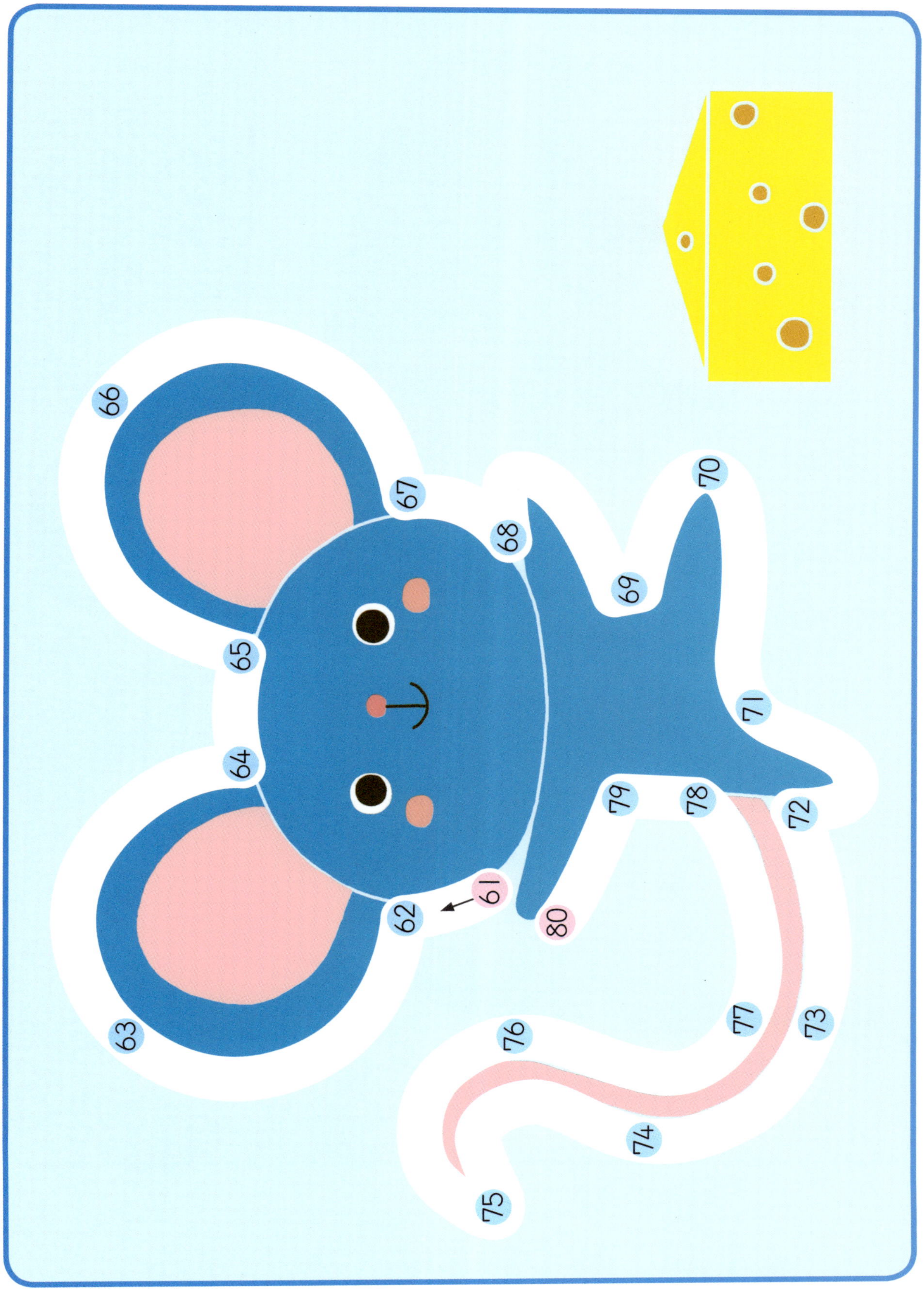

ねずみ

すうじを よみながら、61から 80まで せんを ひきましょう。

ケーキ（けーき）

27

すうじの よみ 90まで

がつ　にち　なまえ

すうじを よみながら、71から 90まで せんを ひきましょう。

やどかり

おうちのかたへ
90までの数字を読む練習をします。70をこえても正しく読めているか確認しましょう。

すうじを よみながら、71から 90まで せんを ひきましょう。

こうもり

28 すうじの よみかき 80まで

がつ　にち　なまえ

すうじを よみながら、61から 80まで じゅんに せんで むすびましょう。

おうちのかたへ
80までの数字の読み書きを練習します。1枚おわったら、巻末の「おけいこボード」で、1から80まで順番に指さしながら、声に出して読むのもよいでしょう。

こえに　だして　よみながら、すうじを　かきましょう。（なぞりましょう。）

61	62	63	64	65	66	67	68	69	70
71	72	73	74	75	76	77	78	79	80

61	62	63	64	65	66				
71	72	73	74	75	76	77	78	79	80

29 すうじの よみかき 90まで ①

がつ にち なまえ

すうじを よみながら、71から 90まで じゅんに せんで むすびましょう。

おうちのかたへ
90までの数字の読み書きを練習します。うら面で数字の書き順がわからず、手が止まってしまうようでしたら、巻末の「おけいこボード」を手元におき、書き順を確認しながら進めてもよいでしょう。

かば

こえに　だして　よみながら、すうじを　かきましょう。（なぞりましょう。）

71	72	73	74	75	76	77	78	79	80
81	82	83	84	85	86	87	88	89	90

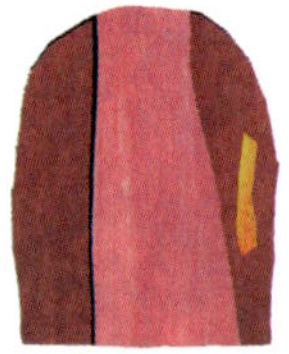

71	72	73	74	75	76	77	78	79	80
81	82	83	84	85	86	87	88	89	90

30 すうじの よみかき 90まで ②

がつ にち なまえ

すうじを よみながら、41から 90まで じゅんに せんで むすびましょう。

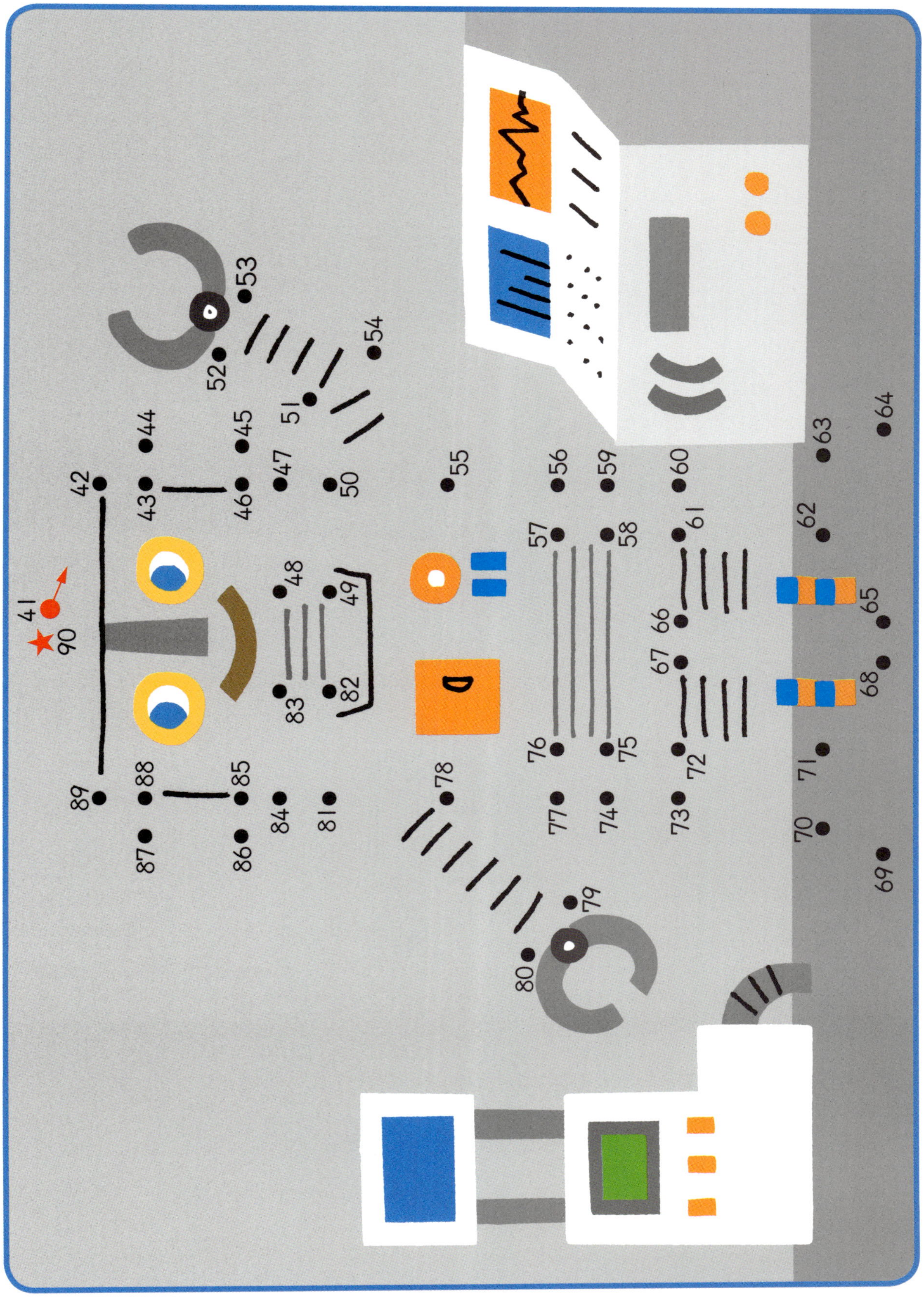

ロボット（ろぼっと）

こえに　だして　よみながら、すうじを　かきましょう。

71					76	77	78	79	80
81	82	83	84	85	86				90

71	72	73	74	75	76				
									90

31 すうじの よみかき 90まで ③

がつ　にち　なまえ

すうじを よみながら、41から 90まで じゅんに せんで むすびましょう。

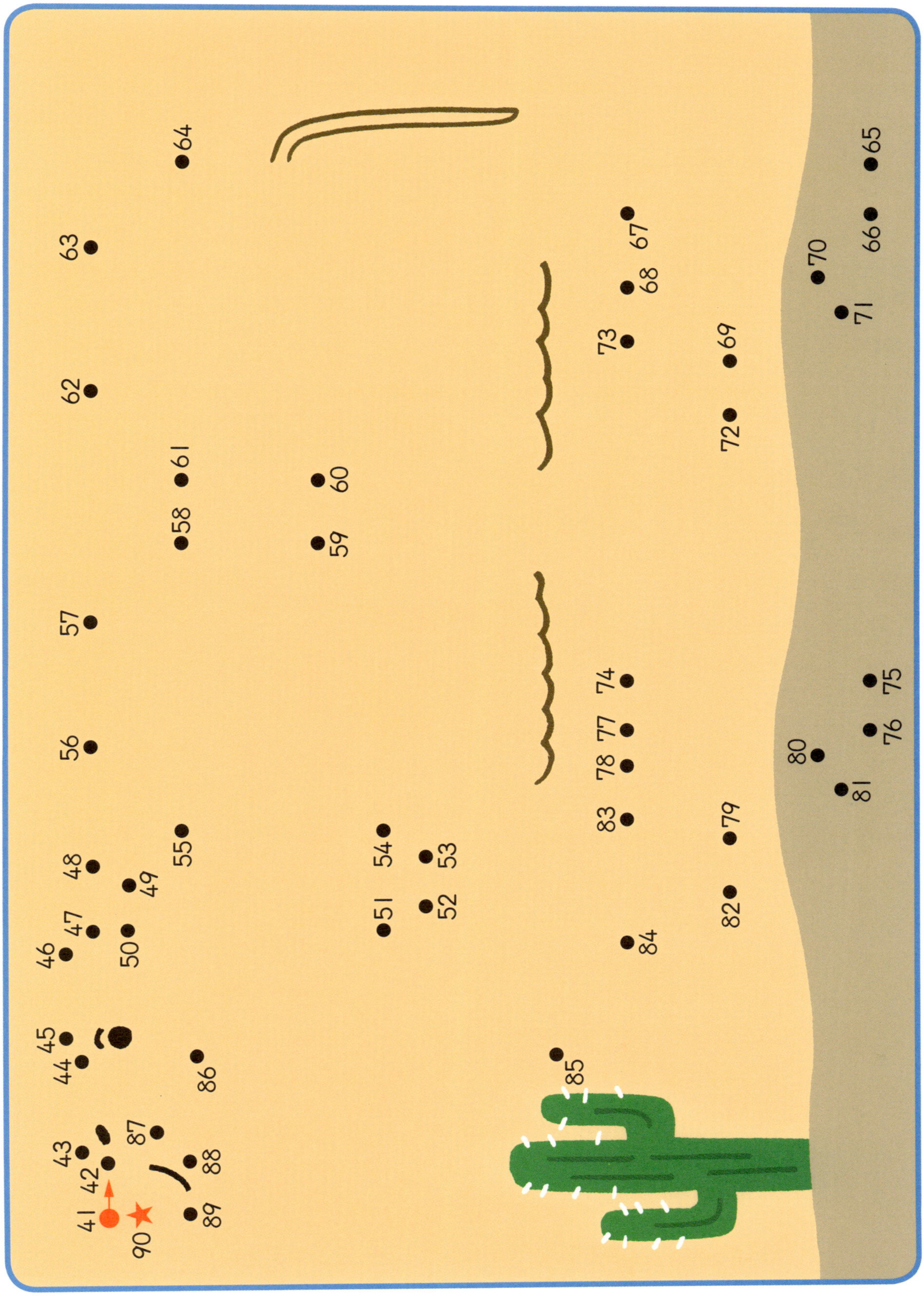

らくだ

こえに　だして　よみながら、すうじを　かきましょう。

41	42	43	44					49	
51	52				56				60
			64				68		
71				75					
81					86				90

32 すうじの よみ 100まで

がつ　にち　なまえ

すうじを よみながら、８１から １００まで せんを ひきましょう。

きしゃ

おうちのかたへ
100までの数字を読む練習をします。読み方がわからないようでしたら、おうちのかたが教えてあげましょう。

すうじを　よみながら、８１から　100まで　せんを　ひきましょう。

りす

33 すうじの よみ 120まで

がつ	なまえ
にち	

すうじを よみながら、91から 120まで せんを ひきましょう。

おうちのかたへ
120までの数字を読む練習をします。はじめのうちは、100をこえた数字を読むことが難しいかもしれません。巻末の「おけいこボード」で、すらすら読めるように、くり返し練習することをおすすめします。

うし

すうじを　よみながら、９１から　120まで　せんを　ひきましょう。

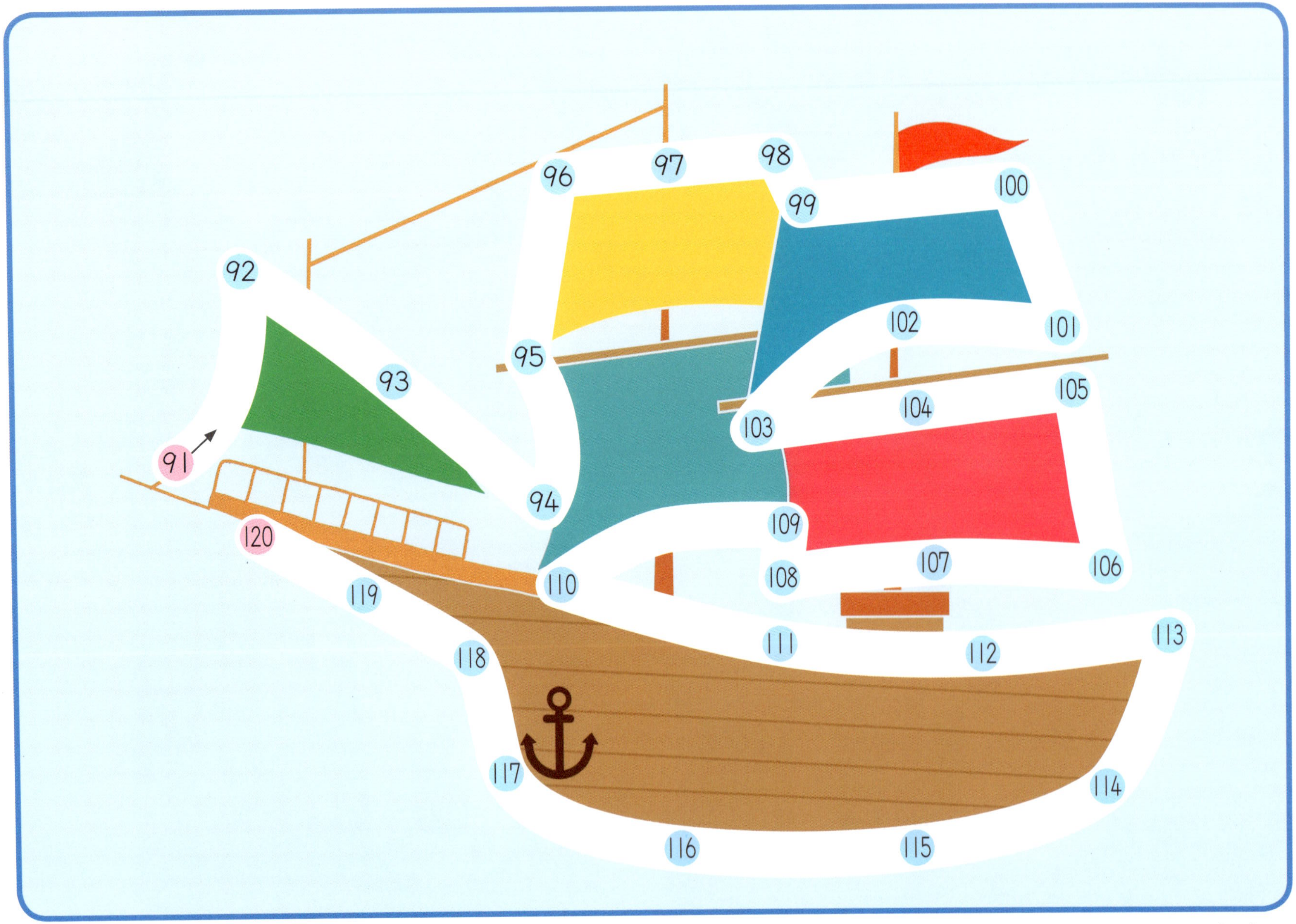

ふね

34 すうじの　よみかき　110まで

がつ　にち　なまえ

すうじを　よみながら、８１から　110まで
じゅんに　せんで　むすびましょう。

おうちのかたへ
110までの数字の読み書きを練習します。100をこえた数字を書くことが難しいようでしたら、同じページの余白や、他の紙に数字を書く練習をするとよいでしょう。

そふとくりーむ
ソフトクリーム

こえに　だして　よみながら、すうじを　かきましょう。（なぞりましょう。）

81					86	87	88	89	90
91	92	93	94	95	96	97	98	99	100
101	102	103	104	105	106	107	108	109	110

81	82	83	84	85	86				
91	92	93	94	95	96	97	98	99	100
101	102	103	104	105	106	107	108	109	110

35 すうじの　よみかき　120まで　①

がつ　にち　なまえ

すうじを　よみながら、９１から　１２０まで　じゅんに　せんで　むすびましょう。

パイナップル（ぱいなっぷる）

おうちのかたへ
120までの数字の読み書きを練習します。100をこえた数字も、まちがえずに読み書きできるか確認しましょう。

こえに　だして　よみながら、すうじを　かきましょう。（なぞりましょう。）

91	92	93	94	95	96	97	98	99	100
101	102	103	104	105	106	107	108	109	110
111	112	113	114	115	116	117	118	119	120

91	92	93	94	95	96	97	98	99	100
101	102	103	104	105	106	107	108	109	110
111	112	113	114	115	116	117	118	119	120

36 すうじの　よみかき 120まで ②

がつ　にち　なまえ

すうじを　よみながら、71から　120まで　じゅんに　せんで　むすびましょう。

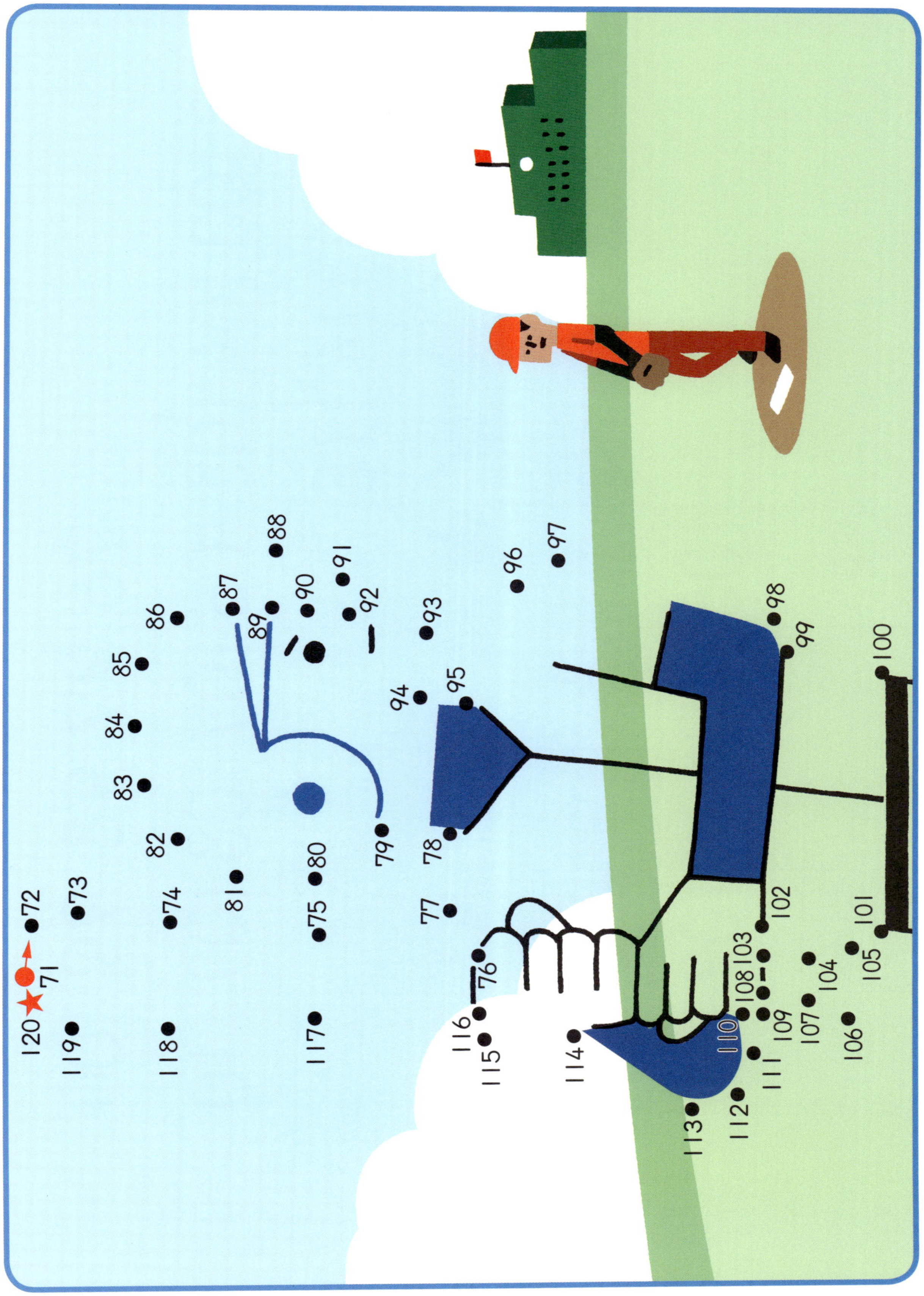

やきゅうせんしゅ

こえに　だして　よみながら、すうじを　かきましょう。

91					96	97	98	99	100
101	102	103	104	105	106	107	108	109	110
111	112	113	114	115	116	117	118	119	120

91	92	93	94	95	96				
					106	107	108	109	110
111									120

37 すうじの よみかき 120まで ③

がつ にち なまえ

すうじを よみながら、61から 120まで じゅんに せんで むすびましょう。

きょうりゅう

こえに　だして　よみながら、すうじを　かきましょう。

61	62	63				67			70
71				75			78		
	82					87			
			94				98		
		103				107		109	
	112			115	116				120

38 まとめ ①

がつ
にち
なまえ

すうじを　よみながら、１から　60まで
せんを　ひきましょう。

おうちのかたへ
１から120までの数字のまとめです。お子さまがどこかでつまずいていないか、確認しましょう。最後までできたら、たくさんほめてあげましょう。

すうじを　よみながら、６１から　120まで　せんを　ひきましょう。

39 まとめ ②

がつ	にち	なまえ

おうちのかたへ
ここまで１冊やりとげた、お子さまのがんばりをほめてあげましょう。表彰状に名前と日付を書いて、わたしてあげましょう。お子さまの手が止まってしまうようでしたら、巻末の「おけいこボード」を手元におき、見ながら書いてもよいでしょう。

これに だして よみながら、すうじを かきましょう。

1	2			5			8		
		13				17			
	22				26				30
			34					39	
41				45			48		
	52					57			60

こえに　だして　よみながら、すうじを　かきましょう。

61			64					69	
	72				76				80
		83				87			
91				95					100
	102			105			108		
			114			117			120

図書カードプレゼント!

商品アンケート（Web回答）ご協力のお願い

この度は、くもん出版の商品をお買い上げいただき、
誠にありがとうございます。
わたしたちは、出版物や教育関連商品を通じて
子どもたちの未来に貢献できるよう、
日々商品開発を行っております。
今後の商品開発や改訂の参考とさせていただきますので、
本商品につきまして、
お客さまの率直なご意見・ご感想をお聞かせください。

Webアンケートにご協力いただきますと、図書カードを
抽選でプレゼントいたします。

＊「図書カード」の抽選結果発表は、
賞品の発送をもってかえさせていただきます。

こちらから

きりとり線

できたね！シート

１まい　おわったら、すきな　シールを「できたね！シート」に　１まいずつ　はりましょう。
ぜんぶ　おわったら、おおきな　シールを　うらの　ひょうしょうじょうに　はりましょう。

1	2	3	4	5	6	7	8
9	10	11	12	13	14	15	16
17	18	19	20	21	22	23	24
25	26	27	28	29	30	31	32
33	34	35	36	37	38	39	

おおきな　シールは
うらに　はってね！

くもん出版 SNS 公式アカウント
お子さまの学びにつながる情報を発信中！

Instagram（@kumon_publishing）
くもん出版の社員がカメラを手に投稿中。
プレゼントキャンペーンも随時開催しています。

X（@kumonshuppan）
くもん出版の now！がわかる。新刊・新商品情報はこちらでチェック。

YouTube（@KUMONSHUPPAN）
商品の使い方動画、専門家や著者の
スペシャルインタビュー動画などを掲載中。

Facebook（@kumonshuppan）
お子さまやお孫さまへのプレゼントを選ぶならこちら。

note（@くもん出版）
商品の開発秘話、著者のインタビューなど、
商品の裏側を知りたいかたはこちら。

くもんの幼児ドリルについて
お知りになりたいお客さまへ

くもん出版公式ウェブサイトでは、
幼児ドリルについてのさまざまな情報を掲載しております。
詳しくお知りになりたいお客さまは、ウェブサイトをご覧ください。

トップページ

シリーズ紹介

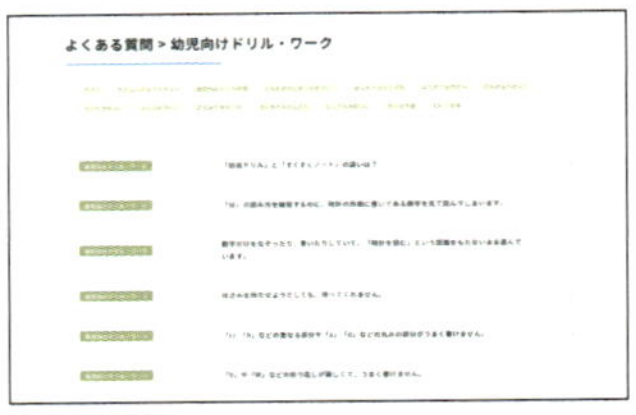

よくある質問

KUMON SHOP（公式オンラインショップ）

くもん出版ウェブサイト
https://www.kumonshuppan.com/

くもん出版　検索

きりとり線

がんばったね！

ひょうしょうじょう

どの

あなたは、
『すうじおけいこ』を
さいごまで　おえました。
ここに　ひょうしょうします。
これからも　がんばってください。

年　月　日

より

おおきな　シールを
ここに　はりましょう。

KUMON

＊おうちのかたへ　お子さまの名前と終了した年月日を書き入れて、「できたね！ シール」から、大きなシールをはりましょう。